中学生怎么读整本书

曹勇军

　　以整本书为单位的阅读，具有悠久传统，至今被认为是最有效的阅读方式。首先，它可以克服我们今天生活学习中碎片化存在和学习的不足，由此而培养出来的阅读视野、阅读策略、阅读能力和阅读气象，是读几篇课文、做几道练习远远达不到的。其次，它可以让我们发现自我，认识人生，让自己的人生觉醒，推动我们的生命和心智的成长，为未来的发展奠定基础。因此，我们应该学会整本书阅读，掌握整本书阅读的技能，切实提高语文素养。

　　整本书阅读首先要解决几个难题。

　　难题之一：怎样找到读书的时间。现在中学生学习压力大，课业负担重，即便是学校安排了读书课，真正享受阅读的时间少之又少，所以要自己去寻找读书时间。我在学校经常看到有学生中午一放学就抱着篮球，饭也不吃，驰骋在篮球场上，脸上写满了满足。我自问："是谁给了这些孩子打球的时间？"是热爱让他们宁愿不吃饭也要打球。这给人启示：读书时间是找来的、挤来的、挪来的，甚至是与父母、老师摩擦博弈、讨价还价争取来的。午饭后，读上三五页；睡觉前，给自己下个任务，多读三五页……你把读书看成是生命中最重要的事，就会克服一切困难，找到读书的时间。因此，极端地说，寻找读书的时间就是阅读能力的一部分，找不到就是阅读能力不强。没有这样的能力，一辈子都没有时间读书。

难题之二：怎样找到适合自己的书。什么是适合自己的书？就是让你通过阅读增长知识、得到快乐、发现自我、锻造人生的那些书。它们往往是你生命中的伯乐之书、智慧之书。我们中学生读书是为了发现自我，寻找生命中更好的可能。因此，你的阅读就是不断地寻觅的旅程。找到适合你的书，让那些伟大的作品中所包含着的丰富的精神价值引领你、伴随你一步一步成长。在寻觅的过程中，你可以参考同学、朋友们选择的书目，但不必亦步亦趋、人云亦云，要有自己独立的标准和清醒的判断：我是谁？我想成为什么样的人？这样的书能否帮助我抵达心目中理想的人生境界？这样的追问会变成阅读中的强大的推动力。选择的过程也包括放弃。有的书可以采用跳读、略读的方式读几十页、上百页才知道适不适合自己，适合就读下去，不适合就果断放弃。这是一个成熟的阅读者的正常阅读习惯，不必因一本书没有读完而负疚自责。

难题之三：读什么样的书对自己帮助大。整本书有易有难，完全看不懂和一看就懂对我们的阅读帮助提升都不大，阅读中最有价值的是半懂不懂的书。对于这样的书，你有兴趣但又有很多困惑和挑战，读完一本就提升一步，抵达全新的境界。阅读中，有一个自我监控的核心指标：就是读完一本书怎样才算读懂了。怎么算读懂呢？这里引用朱光潜先生一段话来回答："我读一本书，必用自己的话把它表达出来，才觉得真的把这本书消化了。"读的过程中，不断地用自己的语言去筛选、组织书中的核心内容，能用自己的话表述出来，就可以说基本读懂了。整本书阅读要纠正我们在语文课上养成的追求唯一标准答案的不良习惯，用自己的话表达阅读后丰富的个性化的理解。这一点很重要。迈不过这个坎，就无法进行整本书阅读。

难题之四：怎么面对和处理阅读中的困惑和疑难。整本书体量大、篇幅长，阅读中总会有各种各样的疑难和困惑。这并非坏事，而是阅读中促进思考的一个积极的活跃的因素，随着阅读思考的加深，疑难会自然消解，不是吗？第一页的问题，到了第十页就不再是问题；开头的问题，到了结尾就明白了；这本书遇到的问题，下一本书可以帮助你解答；十五岁阅读中遇到的问题，十八岁的时候或者二十八岁的时候总会有答案。要克服课堂教科书式语文学习的不足：抓住一两点细碎的问题死抠，把自己弄得紧张、焦虑，无法有效地推进整本书阅读。阅读就是伴随着疑难和问题而展开的，阅读中要善于把问题"悬置"起来，使之既不影响阅读的推进，又暗中牵引着你的思考，观其大略，走向文本的深处。

解决了这些难题后，接下来就是怎样具体地开展整本书的阅读。各人的方法不同，这里只能提供一些建议。

首先，可以根据自己的时间做一个规划，大致要用多长时间读完这本书。整本书都有一定的厚度，受条件限制无法一口气读完，读的过程中要规划用多长时间读完并保持持续性。持续性是整本书阅读的关键所在。

其次，还应该在书上做适当的批注、评点。让原文中的那些深刻的语句和思想浮现出来，化繁为简，便于自己理解思考。

再次，有些好的句子还应该摘抄下来，反复地咀嚼消化。这样既有流畅的情节的线的感知，又有关键词句段的点的深入，点面结合，容易取得比较好的效果。

最后，培养批判思维能力。阅读不能只关注书本的原意，更要重视自己在阅读中的感想、体验、争辩，获得对作品的深入理解，尤其要培养自己的批判性思维能力。不迷信权威，不迷信标准答案，实事求是，有好说好，有不足说不足，批判性思维就是这样的一种思维品质。它可以帮助我们强化阅读中的个性和思考。阅读中特别需要培养批判性思维能力，请看下面一段话：

"体面的，要强的，好梦想的，利己的，个人的，健壮的，伟大的，祥子，不知陪着人家送了多少回殡；不知道何时何地会埋起他自己来，埋起这堕落的，自私的，不幸的，社会病态里的产儿，个人主义的末路鬼！"

我先不告诉你作者和作品的名字，只问你这段话表达得好不好。估计多数同学可能会不喜欢甚至不认可这种叠床架屋式的、充满书生气的书面表达。我告诉你，这是《骆驼祥子》的最后一段，作者是大名鼎鼎的老舍先生。估计你听到就会默不作声。为什么？因为你怀疑起自己来：这样的著名作家，他的作品中的表达怎么会不好呢？告诉你，你现在丧失的就是批判性思维的品质。你不是依据作品本身的表达，而是依据作者的名气、地位、权威性，不敢对它进行质疑，表达自己的真实感受和理解。阅读中一定要保持敏锐的批判思维，这样才能让自己成为一个真正的成熟的读者，甚至是一个优秀的读者。

要想顺利地进行整本书阅读，既需要"实招"告诉自己怎么做，也需要"虚招"纠正自己的不恰当的想法和不良习惯，虚实结合，构建健康的阅读观，让自己在读书的道路上走得更稳更远。

译林社的这套名著，精选统编《语文》教材"名著导读"和"自主阅读"书目，这些对于初中学生来说，都是必读之书。为名著阅读配备相关辅导材料的做法近来也有不少，但在名著中插入所谓的辅助材料，在扫除阅读障碍的同时，也于无形中干扰了阅读的节奏。这套书把名著与导读导练分开，保护了书本身的完整性，保障了整本书阅读的畅快感，实际操作起来也非常方便，对于初中生整本书阅读功莫大焉。

目　录

 # 写在阅读前

　　《星星离我们有多远》是一部典型的科普作品，原载于1977年的科普杂志《科学实验》。当时，卞毓麟先生应杂志社之邀，构思并创作了最初仅有2万字篇幅的科普长文。所谓科普，往往是由科学领域的专家学者，从普及科学知识的目的出发，用浅显形象的语言来介绍科学知识。

　　卞毓麟先生是中国科学院北京天文台教授，中国天文学会常务理事，天文学名词审定委员会主任，他一生都在研究天文学。卞毓麟先生也是大器晚成的科普作家，到了57岁才开始科普文学创作。对了，他还与南京这座城市颇有渊源，因为卞毓麟先生的大学时光，正是在南京大学天文系度过的。《星星离我们有多远》能够刊载和成书，源自卞毓麟先生作为天文学家的责任心和使命感，他希望更多的人，尤其是青少年能够走进天文，喜爱天文。

　　青少年读者应该热爱天文。孩提时代，每个人都曾仰望过浩瀚的星空，迸发过无尽的遐想：地球是什么形状的？从地球到月球有多远？一年为什么会有365天？这些朴素而又可爱的疑问，都可以通过天文学的研究得到解答。《星星离我们有多远》可以满足我们对星空的好奇，解释我们心中对浩瀚宇宙的疑问，还可以让我们在仰望星空的同时，理解生命个体的渺小、脆弱，体会生命整体的恒久、坚强。

在翻开《星星离我们有多远》之前，我们有必要简要了解一下什么是天文学。天文学是观察和研究宇宙间天体的学科，它研究天体的分布、运动、位置、状态、结构、组成、性质、起源、演化，是自然科学中的一门基础学科。从古至今，科学家只能从微弱的星光里破解宇宙的秘密。保守的思想、简陋的设备、交通的阻塞、个体命运的坎坷，都曾经阻碍人类认识星空，了解宇宙。好在，随着近现代科学技术的高速发展，在继承前人伟大发现的基础上，我们对星空和宇宙已经越来越了解。卞毓麟先生在《星星离我们有多远》一书中，以浅显易懂的语言和形象直观的插图，向我们展现了天文学研究中一个个里程碑式的事件、一个个钻石般的发现和一个个闪亮的名字。这本书，像极了一本天文学主题的百科全书，能帮助我们从一个天文"小白"，成长为"星空的崇拜者"和"宇宙的敬畏者"。

这是一本让你忍不住边读边圈点勾画的科普作品，其中的概念和定律，我们耳熟能详，但阅读之后才能真正理解和记忆；这里面还有让你忍不住长吁短叹的名人逸事，其中对真理的追求，对命运的悦纳，种种品质让人心生敬意。让我们捧起这本书，一起"仰望星空"吧。

名著初体验

　　《星星离我们有多远》是新版《语文》教材八年级上册推荐自主阅读的名著。同学们不妨想一想：为什么会在八年级刚刚开始的时候，教材的编者向我们推荐这本书呢？

　　当代科幻小说家刘慈欣曾多次回忆起自己少年时的一段经历。许多年前的一个夜晚，刘慈欣读完了亚瑟·查理斯·克拉克的小说《2001太空漫游》，他走出家门仰望星空，在他的眼中，星空与过去完全不一样了，他第一次对宇宙的宏大与神秘产生了敬畏感。这或许能从一个侧面展现浩渺星空和宏大宇宙的魅力，让我们感受到无论是在空间上，还是在时间上，作为个体生命的我们都太渺小，我们对大自然应该多几分敬畏，对生活多几分释然。阅读《星星离我们有多远》，你也会有这样的体会，因为书中的距离都是以"光年"来计算的，字里行间的浩瀚能安放下我们在现实生活里的焦虑与不安。

　　与星空和宇宙相比，人的一生太过短暂。当我们凝视书中提到的每一个名字，阅读卞毓麟先生对他们满含赞誉的文字，或许能窥探到生命的意义。人类探索星空和宇宙的历程几乎与人类文明的发展同步，一个又一个短暂而又渺小的生命，用近似接力的方式将一个个细小的发现聚合成伟大的认知，把一次次烦琐的计算汇聚成精确的衡量。如卡西尼一家四代，历时40年，几乎是前赴后继一般致力于天文学研究；哥白尼历经30年的孜孜不倦，完成了不朽巨作《天体运行论》；布鲁诺面对长达8年的严刑拷打，仍不背叛"日心说"。如果不是阅读《星星离我们有多远》，这些名字一定不会为我们所知。他们的生命与成就，早已内化为我们今天对空间和宇宙的认识。那些我们不曾遭遇的"怀疑"，不会丢失的"确信"，都是以天文学家的幸福，甚至是生命来捍卫的。这些字里行间的"平凡"能够让我们准确地触摸到"伟大"的真实意义。

仰望星空，能给青少年无限的关于时间与空间的思考；关注平凡，也能让青少年深刻地领悟生命的意义。卞毓麟先生几乎在每一个章节，都饱含热情地描写天文科学家坚韧、执着的科学研究历程。如唐代高僧一行、元代天文学家郭守敬，系统领导了当时人类历史上最重要的两次子午线长度测定。作者如纪实一般详尽地还原当时的测定经过，字里行间浸透着对两位天文学家的勇气、坚韧与智慧的钦佩。德国天文学家约翰内斯·开普勒将自己的研究所得凝结为"行星运行的三大定律"，享有"天文立法者"的美誉。而在记叙开普勒生平的时候，卞毓麟先生将关注的目光凝聚在开普勒对前人经验的深入学习，对全新领域的不懈探索，展现了知识学习的扎实和科学研究的深刻，证明了知识的传承推动了天文学的持续发展。这些字里行间的"智慧"与"勇气"能够让我们更加深刻地理解学习的秘诀和知识的要义。

《星星离我们有多远》，初读是一部普及天文学知识的优秀科普作品，细品却又能窥见科学世界里的人生百态。在注重科研历程的系统完整、科学概念的精准明确之外，卞毓麟先生也将一个个鲜活的"学人"故事和"天文人"逸事娓娓道来。我相信，阅读这本书，你会被故事所吸引，为科学而折服，但最终会被生命的精彩所打动。

我有好方法

　　译林出版社出版的《星星离我们有多远》共配有插图86幅，而在1977年初2万多字科普长文《星星离我们多远》发表时，全文仅有28幅插图。1980年科学普及出版社出版本书时，插图增至62幅。1999年湖南出版社出版《梦天集》时，曾减少为46幅，但有的经过重新绘制。2009年湖北少年儿童出版社的版本所含插图又调整为66幅，插图质量整体得到提高。

　　在科普读物的出版过程中，这样大幅度地调整插图数量是不常见的。

　　卞毓麟先生在译林版《星星离我们有多远》"作者的话"中提到，"某些图片，就内容本身而言原是不宜舍弃的"，"（插图）整体质量也有了明显的提高"。可见，插图的"有"与"无"，"增"与"删"，对作者而言，都是由内容决定的。便于读者理解内容的插图，不宜删除；新增章节内容，也必须相应增加插图。因此，对读者而言，"插图"的阅读也必将成为《星星离我们有多远》整本书阅读的重要内容。

一、有图有真相

86幅插图可以大致分为以下几种类型：

1. 示意图，包括与星空星象介绍严格对应的星位图，与所介绍观察及测量方法严格对应的示例图。这部分插图的出现，有利于读者理解作者所介绍的星位形象，毕竟这些形象都是以神话人物、现实动物或科学器械为载体的；也有利于读者对文中介绍的科学研究方法以及性能各异的科学器械产生直观的印象，推动"了解"走向"理解"。

2. 肖像图，包括文中介绍的科学人物的肖像。这些插图能够使读者对文中出现的科学人物产生明确印象，特别是作者选取的肖像图，都很像今天的工作照，让科学人物的形象与气质完美结合在一起。

3. 彩色实景图，包括保存至今的天文研究遗址的照片，作者开展研究工作的少量照片。浏览这些插图能够让读者油然而生一种亲近感——与历代天文研究的亲近，与作者的亲近。

4. 信息纪实图，包括作者参与科普教育和读书宣传活动的纪实性图片，反映天文学研究广泛影响的书法、邮票、著作的图片。

在《星星离我们有多远》当中，插图是内容的有机组成部分，发挥着活化内容的重要作用，也承担着调剂读者阅读感受的职能。在阅读本书的过程中，我们应该学会用好图例，增益读书的体验。

二、有图有阅读

1. 看看图动动笔。作者设置插图的初心，是提升我们的阅读感受，以形象的插图帮助我们对文中介绍的内容产生直观可感的认识。尤其是复杂的星位图、陌生的科学器具，必须要依靠示意图来完成由文字到形象的转换。虽然示意图在排版位置上与语段内容接近，语段中也有观察示意图的提示，但是由于本书中示意图（星位图、器具图）本身具有较强的专业性，所以，我们需要将语段中的文字与一侧的示意图中的具体元素对应起来，而这种对应，最好也是形象可感的。这就需要我们针对示意图做一些"图上作业"，将图侧的文字信息筛选标记在图中，以便发挥出示意图在"阐释文字"和"强化感受"两方面的作用。例如，《星星离我们有多远》第14页的"图3 天鹅座，天津四和天鹅61星"。在直接观察和了解天鹅座形态的基础上，还应将语段所介绍的天津四在不同文化中的称呼以及"α""β""61"等星表不同命名方式标注出来。标注后的示意图就能体现出作者插入"图3"的意图，既观其形，也明其意。

2. 看看图说说话。《星星离我们有多远》是一部"知识"与"方法"并重的科普作品，我们对书中"天体知识"和"科研方法"是不是足够理解，也可以通过"看图说话"来检验。根据示意图、肖像画和实景图，我们可以概括回顾章节或语段内容，形成基于"图"的提纲挈领的阅读体会。在与同学交流阅读体会的时候，我们可以使用选定的图例展示自己的阅读体会，可以是对星位图的介绍，可以是对天文器具的说明，也可以是对代表人物科学故事的演绎。比如，第142页的"图62 天体的线直径D、视角径a和距离r三者的相互关系"。示意图说明了根据星团和星系的大小来估计它们的远近的判断方法，学生可以在理解图书内容的基础上，独立运用图62，以看图说话的方式，检验阅读的收获。如果碰到肖像画，则可以就语段所介绍的人物生平，进行人物成长经历及主要成就的分项说明。

3. 看看图激激趣。《星星离我们有多远》中的插图，质量高、涵盖广，插图所反映的科学概念也非常专业。在阅读中，可以有意识地做一些积累，特别是示意图、实景图，把它们反映的内容作为今后阅读其他文学作品，学习其他学科知识的重要储备。比如有关观星器具的描绘，比较集中地反映了初中阶段物理学科中光学知识的有关内容，善做积累就可以在未来即将开始的物理学习中储备鲜活的素材。我们也可以期待，因为对某个星位图、某个科学器具、某个科学名人肖像产生深入阅读、继续研究的兴趣，而产生从一本书到另一本书的阅读兴趣。毕竟，对于初中学生来说，卞毓麟先生深入浅出的语言已经令人着迷，浩瀚伟岸的星空也已经让人着迷，再加上形象直观的插图，学生的阅读体验会始终充实而新鲜。

4. 看看图品品书。阅读《星星离我们有多远》，在读文看图的过程中，我们得以体会卞毓麟先生"知识为本""开发心智，启迪思维"的匠心独具。卞毓麟先生图文并重的创作经验，启迪着我们的思维，"下篇"中作者选录的一些图片也该引起我们的关注。例如第181页的图73，记录了卞毓麟先生2015年4月23日在"4·23世界读书日国家图书馆全民阅读推广活动"中所做的演讲。演讲题为《阅读与科学》，刊印在第181—186页。我们可以把这幅编号为73的纪实图看作一个缩影，因为在第179—213页的六篇文章中，本书都在努力还原一位"后星星"时代的卞毓麟，让我们感受到一位科学家对于科学普及的热忱，这样的"知人论世"无疑将加深我们对"科学"的理解，对"阅读"的兴趣。

对于科普作品来说，插图至关重要。具备一定理论基础的内容需要插图的解读，做出了伟大贡献的科学家需要插图来呈现，更不要说那些新奇的科学仪器和技术设备对我们理解"科学"所起的重要作用了。"看图品科普"不仅是科普作家的共识，也应成为我们阅读的"慧眼"。

阅读进度表

　　《星星离我们有多远》分为"上篇"和"下篇"。"上篇"为原书13个章节，"下篇"为卞毓麟先生的科普文章6篇。全书阅读计划可以安排为一周，5天用来阅读"上篇"13个章节，2天用来阅读"附录"3篇和"下篇"。具体阅读计划安排，可以参看下面的表格。

时　间	阅读任务	读书妙招
第一天	"作者的话""序曲""大地的尺寸"	① 结合章节标题，完整理解阅读内容，了解各章节之间在内容上的紧密联系。 ② 体会作者对天文学家生平的完整叙述和生动描写，理解个人命运与科技发展之间的微妙关联。 ③ 正确运用文中插图，增强对文中科学类信息的理解。
第二天	"明月何处有""太阳离我们多远"	
第三天	"间奏：关于两大宇宙体系""测定近星距离的艰难历程"	
第四天	"通向遥远恒星的第一级阶梯""再来一段插曲：银河系和岛宇宙""通向遥远恒星的第二级阶梯"	
第五天	"欲穷亿年目，更上几层楼""尾声""结束语"	
第六天	"附录"3篇，"下篇"1—2篇	① ②
第七天	"下篇"3—6篇	

　　下面还有一些配合阅读计划的检测题，也推荐同学们关注。

周读检测题

一、选择题

1. 下列不属于开普勒发现的行星运动三大定律的是_____。（　　）

   A. 行星绕太阳运行的轨道是椭圆，太阳在它的一个焦点上

   B. 行星向径在相等的时间内扫过相等的面积

   C. 每一颗行星都有"$a^3=T^2$"，每两颗行星必定有"$\dfrac{a_1^3}{a_2^3}=\dfrac{T_1^2}{T_2^2}$"

   D. 太阳和行星之间的万有引力，是行星运动的基础

2. 对"光年"概念的理解，不正确的一项是_____。（　　）

   A. 是长度单位　　　　　　　　B. 是时间单位

   C. 是量天的"尺子"　　　　　　D. 远大于"千米"

3. 下列对部分天体视星的亮度排序正确的是_____。（　　）

   A. 太阳＞月亮（满月时）＞半人马 α ＞金星（最亮时）

   B. 太阳＞半人马 α ＞月亮（满月时）＞金星（最亮时）

   C. 太阳＞月亮（满月时）＞金星（最亮时）＞半人马 α

   D. 太阳＞金星（最亮时）＞月亮（满月时）＞半人马 α

4. 关于"宇宙"的描述，不正确的一项是_____。（　　）

   A. 目前人类所能观测到的宇宙尺度超过 1×10^{10} 光年

   B. 宇宙正处于一种宏伟的膨胀当中

   C. 宇宙中的各个星系普遍进行着相互接近的运动

   D. 现阶段科学界普遍认为宇宙初始大爆炸发生在 138 亿年前

二、判断题

1. 1 光年 $\approx 9.5\times10^{12}$ 千米。（　　）

2. 人类在 19 世纪发现的第一颗小行星是"半人马 α"。（　　）

3. 卡西尼家族和斯特鲁维家族都培育了多位天文学家。（　　）

4. 新星和超新星都是星体早期生成的宇宙现象。（　　）

专题探究课

　　《星星离我们有多远》是一部内容丰富、视野开阔的优秀科普作品，如果我们想要深入地阅读，就需要选取合适的角度，对内容进行跨篇章的横向探究，或篇章内的纵向探究。老师建议同学们从以下几个角度出发：

序　号	探究专题	专题探究的方法
专题1	我们的征途是星辰大海	① 从不同章节中梳理相关内容，进行比较阅读。
专题2	天文学家的科学研究精神	② 结合以上内容，完整把握天文学发展历程，理解科学家的科学研究精神，感受意义非凡的天文学研究成果。
专题3	无心插柳的天文学发展历程	
专题4	科普作家的文学创作尝试	
专题5	未来天文学发展前瞻	③ 查找资料，丰富探究成果。

　　下面老师就结合"我们的征途是星辰大海"这个专题，给大家提供探究示例的参考。

我们的征途是星辰大海

步骤一：从不同章节中梳理相关内容，进行比较阅读。

"序曲"第14—15页：中国古代经常使用"星宿"这个名称。"二十八宿"就是大致沿黄道分布的28个天区，它们各有自己的名字，如"角、亢、氐、房"等。这些星宿的名字，化作神话人物，频频出现在中国古典文学作品中。例如，在《西游记》中很有名的"昴日鸡"就是昴宿的化身，它的神话形象是一只威武雄壮的大公鸡。从天文学的角度来看，星宿和星座并没有本质上的差别，只是与此有关的神话传说和相应的名称反映了东西方传统文化的差异。如今，虽然国际上已经统一采用共同的星座体系，但我们中国人谈到流传至今的这些星宿的名称时仍然深感亲切而有趣。

"大地的尺寸"第17页：中国古籍《列子·汤问篇》中有一个著名的故事，叫作"两小儿辩日"。其中一个小孩说早晨的太阳离我们更近些，因为它看起来较大；另一小孩则说中午的太阳离大地更近，因为它比早晨的太阳热得多。他俩当然不知道太阳究竟有多远，可是"太阳的远近"这个问题却提出来了。

"大地的尺寸"第20页：世界上第一次子午线实测工作，是在我国唐代时进行的……公元717年，唐玄宗派专人接一行回到长安。一行的一生，对天文学有许多重要贡献，成就遍及历法、天文仪器、大地测量等许多方面。这里，我们最感兴趣的是从公元724年起，一行发起并领导的全国性天文大地测量。那次测量规模很大，共有北起铁勒（今贝加尔湖附近）南达林邑国（今越南中部）的13个观测点。

"大地的尺寸"第21页：到了我国的元代初年，元世祖忽必烈决定制定、颁行一部比先前更精准的新历法。这时，杰出的天文学家、水利学家郭守敬（1231—1316）向忽必烈进言，说明唐代的一行和南宫说领导的那次天文大地测量，在全国各地一共设立了13个观测点；而今元帝国的疆域比唐朝更加辽阔，故应设置更多的天文观测点，这对于制定新历法至关重要。

郭守敬的提议获得了忽必烈的赞同。除京城大都（今北京市）而外，郭守敬在全国共选定26个观测点，选拔了14名熟悉天文观测技术的人员，分赴各地进行测量。

"太阳离我们多远"第51—52页：在庞大的小行星家族中，有不少是由中国天文学家发现的，它们大多以中国的人名或地名命名。例如：1125号"中华"，1802号"张衡"，1972号"一行"，2012号"郭守敬"，2045号"北京"，2077号"江苏"，2078号"南京"，2169号"台湾"，2197号"上海"，2344号"西藏"等。美国天文学家发现的2051号小行星命名为"张"，则是为了表彰长期担任中国科学院紫金山天文台台长的张钰哲在研究小行星方面的突出贡献。

"通向遥远恒星的第二级阶梯"第116页：我国有着世界上最早的新星记录。《汉书》上的汉武帝"元光元年六月客星见于房"，是世界上第一条有关新星的文献记载。"客星"指新星，有时也指超新星、彗星，好像天空中突然来了一位不速之客；"房"指房宿，是二十八宿之一；这颗新星出现的时间是汉武帝元光元年，即公元前134年。

"欲穷亿年目，更上几层楼"第138页：历史上有一颗著名的超新星，中国古籍《宋史·天文志》《宋会要辑稿》等对它有详细的记载：宋仁宗至和元年五月己丑（1054年7月4日），在天关星（即金牛ζ星）附近出现一颗客星，如同金星那样白昼都可以看见，光芒四射，颜色赤白，持续了23天。一直到643天之后的1056年4月6日，它才隐没不见。

其实，第谷超新星在中国也有记录。据《明实录》记载，明穆宗隆庆六年十月初三日丙辰（1572年11月8日），东北方出现客星，如弹丸，到十月十九日壬申夜此星呈赤黄色，大如盏，光芒四出。

"尾声" 第162—163页:随着21世纪的来临,一些国家相继投入新一轮的探月活动……2007年10月24日,"嫦娥一号"无人探月卫星发射成功,它利用所搭载的科学仪器在绕月轨道上对月球进行多方位的探测,获得了大量宝贵的科学数据。2010年"嫦娥二号"成功探月,因为更新了探测设备并降低了绕月飞行的轨道高度,所以它的探测精度较前又有了提高。2013年12月,"嫦娥三号"在月球表面软着陆,并携带了一辆可在月面上行驶的"玉兔号"月球车。"嫦娥三号"创造了月球探测器在月球上工作时间最长的世界纪录,并且拍摄了人类获得的最清晰的月面照片,它获得的大量科学数据,面向全球科学家开放共享。"嫦娥四号"登月探测器原本是"嫦娥三号"的备份星——仿佛是一名候补队员,但因"嫦娥三号"已圆满完成任务,"嫦娥四号"便可另作他用。2019年1月3日,"嫦娥四号"在人类历史上首次登陆月球背面,登陆地点是月球南极附近艾特肯盆地的预选着陆区,它携带的"玉兔二号"月球车开始在月面上巡视探测。"嫦娥五号"是中国首个无人的月面取样返回探测器,于2020年11月24日发射升空。它在月球上采集了近2千克岩石和土壤样品,于12月17日安全送回地球。在未来的岁月里,中华儿女还将亲临月球,完成预定的工作并安全返回地球家园。

步骤二:结合以上内容,完整把握中国天文学发展历程,感受中国天文学研究成果的巨大价值和非凡意义。

1. 自古以来,中国人就善于仰望天空,记录天象。

2. 古代典籍记录传承完整,保证了天文观测记录流传至今。

3. 中国早期天文学观测成就显著,在世界范围内处于领先地位。

4. 中国天文科学家所取得的成就,受到全世界天文学研究专家的广泛认可。

5. 当代中国科学技术发展迅猛,嫦娥探月工程进展顺利、成果卓著。

步骤三：查找资料，丰富探究成果。

1. 在2020年12月1日23时，"嫦娥五号"探测器成功在月球着陆。2020年12月17日凌晨，探测器携带2千克月球样品，在内蒙古四子王旗预定区域安全着陆。国家航天局专家表示，"嫦娥五号"探测器在一次任务中，连续实现我国航天史上首次月面采样、月面起飞、月球轨道交会对接、带样返回等多个重大突破，为我国探月工程"绕、落、回"三步走发展规划画上了圆满句号。同时，"嫦娥五号"任务作为我国复杂度最高、技术跨度最大的航天系统工程，成功实现了多方面技术创新、突破了一系列关键技术，对于我国提升航天技术水平、完善探月工程体系、开展月球科学研究、组织后续月球及星际探测任务，具有承前启后、里程碑式的重要意义。（据2020年12月2日新华网《稳稳落在月球表面！嫦娥五号成功落月三大看点》改编）

2. 全国两会上，载人航天、重型火箭研制、火星探测进展等备受瞩目，中国航天重磅消息频频传出。2021年是航天大年，随着中国航天事业的快速发展，我们探索太空的脚步会迈得更大、更远。

我国空间站建设将有"大动作"。"今明两年，我国载人航天工程预计实施11次发射任务，包括空间站核心舱、实验舱、载人飞船等，12名航天员将进入太空。"全国政协委员、中国载人航天工程副总设计师杨利伟透露，载人航天工程全面转入空间站在轨建造任务阶段，执行空间站建造阶段4次载人飞行的航天员乘组也已选定，正在开展任务训练。（人民网2021年3月10日《2021，中国航天大年》）

名著读后感

[老师示例]

仰望星空，凝视大地
——读《星星离我们有多远》

阅读《星星离我们有多远》，我们会常常有一种"微笑，默叹，以为妙绝"的心境，在略显诗意的标题下，有浩瀚而璀璨的星空，有曲折而深刻的故事，有漫长而坚毅的旅程，还有卞毓麟先生，一位理智而感性的人文主义者。所以，翻开这本书的时候，我们能够期待很多，我们也终能收获很多。

浩瀚而璀璨的星空

描写星空是一件很有挑战的工作。阿西莫夫的星空是一个幅员辽阔的"银河帝国"，阿瑟·克拉克的星空是一趟惊心动魄的"星际旅程"，刘慈欣的星空是一部跌宕起伏的"生命史"。所以，描写星空在科幻和科普领域，都是不小的挑战。但是，在卞毓麟先生的笔下，"星空"像一篇"大题小做"的高分作文，他用精确的分层分段，巧妙地将2000年来人类仰望星空的历程浓缩为几个片段，轻巧地串联起一片属于人类的星空。

卞毓麟先生所描绘的星空，从公元前3世纪发端，到21世纪落笔，纵横捭阖之间写尽了人类对星空认知的关键时刻。从知识学习积累的角度来说，《星星离我们有多远》不仅普及了基本的天文学知识，也展现了人类天文学发展的大致脉络，虽是挂一漏万，却也能补齐我们在天文学知识方面的基本常识。这些常识的获得，如同点亮了浩瀚星空中最为璀璨的那几颗，让我们可以从宏观的层面看待星空的奥秘。阅读本书也能够让我们真实地感知到基础学科与尖端科学之间的关系，因为它直观地展现基础计算与精密推断之间的关系。任何伟大的科学发现，都是从一个细小的观察或大胆的假设开始的。随后的求证与探索，都是人类对一个阶段知识的综合运用，这对学生时代的学习有着重要的启示。或许，因为了解了天文学，我们喜欢上了天文学，还促生出一点关于未来职业的畅想，或是形成愿意终身追寻的爱好。试想，把仰望星空、凝视星辰作为一种闲暇时的休息，这是多有趣味的生活。再从精神世界塑造的角度来说，书里所记叙的都是肉眼看不见却真实存在的世界，《星星离我们有多远》沟通了"未见"与"已知"，这种畅想往往让人陷入宁静与严肃。"未见"让我们清晰感受到个体生命的渺小和人类历史的短暂，让我们在遭遇情绪起伏、生活逆顺的时候更加淡然从容；"已知"却又给我们强烈的信心，只要不放弃研究和追寻，谜团总会慢慢解开，"未见"也能慢慢接近。

如果仰望星空原本是一种浪漫，那么在《星星离我们有多远》的阅读当中或阅读之后，仰望星空将会成为一种智慧。

曲折而深刻的故事

阅读《星星离我们有多远》，你会读到很多耳熟能详的名字，比如哥白尼、布鲁诺、毕达哥拉斯、郭守敬等等，也有很多第一次听闻的科学家，比如阿里斯塔克、卡西尼、伊巴谷、拉卡伊。但无论熟悉与否，在阅读的那个瞬间，我们的目光会被牢牢地锁定，因为他们每个人的故事中都充满了生活的曲折，同时又彰显着生命的坚韧。

从个体生命的角度看，有些人活着的时候就拥有权威的学术地位，享受着研究成果带来的赞誉；有的人直到死去都无法获得公众的认可，甚至被污蔑为异端邪说，直到生命逝去很久之后，才在某个时刻被偶然地正名；更多的人甚至没有出现在历史的书册中，一生默默无闻。卞毓麟先生叙写的笔触，首先是把他们当作鲜活的生命来描绘，力求简略地记述他们求学的大致经历，与同时代天文学家存在的关联，在此基础上突出他们从事天文学研究的经历，点明他们在各自领域取得的成就，他们与以往天文学家在学术上的承续关系。我们不仅可以读到卡西尼一家四代献身天文事业的故事，也能体会到布鲁诺为坚持"日心说"甘遭火刑的坚强，更能看到哈雷、哈勃、一行、郭守敬等科学家为天文学研究付出的艰辛努力。卞毓麟先生以真实曲折的生活为起点，回溯一个个生命与天文学之间的美妙联系，不回避苦难与挫折，不夸大荣誉与成就，极力避免因为只关注终端成就而忽略科学研究的曲折历程。曲折而深刻的故事告诉我们，科学研究从来不是一件容易的事情，天文学研究更是一场漫长而辛苦的马拉松。如果转换到评判科学进步的视角，对生命的观感又会大有不同。仅是测定地月距离这一个课题，从公元前3世纪之初的阿里斯塔克，到公元前一个半世纪的天文学家伊巴谷，再到18世纪的拉卡伊、拉朗德，直到1946年第一次雷达测距，1960年的激光测距，1967的登月测距，人类为探寻一个答案努力了近2000年。人类为破解"未知"付出了巨大持久的努力，展现出非凡坚韧的品格，这种"深刻"大概也是人类文明最鲜明的底色之一了。

漫长而坚毅的旅程

无数人仰望星空，是谁首先在心里萌生了"星星离我们有多远"的疑问？这个问题很难产生必然的解答，只能归于偶然的解释。但谁又能说这个"偶然"的疑问，不是由"必然"的探索引发的呢？从"星星离我们有多远"，到"地球有多大"，再到"地月之间有多远"，直到今天我们还在努力探索"火星离我们有多远""宇宙究竟有多远"，这条"探索"的脉络是由"必然"导引而来。在《星星离我们有多远》中，卞毓麟先生回溯了天文学发展的历程，也在尽力解释一个又一个疑问从产生到解决的过程，其中源源不绝的推动力，就是对知识的渴求和对技术的追求。

阅读这本书，会让我们想起记录我国嫦娥探月工程的纪录片《筑梦太空》，片中篇幅最大的一部分也是讲述知识迭代与技术攻关过程的，突出展现了中国航天工程的曲折历程和辉煌成就。观看这部纪录片，我们也会不自觉地思考：科学的魅力究竟在哪里？读完《星星离我们有多远》，我们可以说，伟大的发现和丰硕的成果固然令人着迷，但漫长而坚毅的旅程才最让人神往。

在卞毓麟先生笔下，测定赤道周长，测定地球直径，测算地月距离，每一项研究成果的产生都不是一蹴而就的。相较于"百科全书"式的结果导向，作者更注重过程导向。其他科普作品中可能忽略的谬误，可能回避的错判，在《星星离我们有多远》中都有准确记录。这样的内容安排，一方面反映了天文学家为接近"精确"而做出的努力，即便是方向错误或者结果偏差的努力也值得被铭记；

另一方面，准确反映了天文学研究的方法：不断投入并整合新的知识，不断叠加融合新的技术，用知识经验的量变和技术进步的质变，催生新的成果。曲曲折折是科学研究的常态，正是因为这样的兜兜转转，才让最终的谜底揭晓如此令人向往。

理智而感性的人文主义者

阅读《星星离我们有多远》，我们可以鲜明地感觉到，卞毓麟先生是一位理智的天文学家，对于人类探索宇宙奥秘的历程，卞毓麟先生理解得很透彻。天文学研究不是一个纯粹的天文学问题，他更愿意把推动天文学发展的要素归结为天文学家的个人努力，周边领域科学技术的发展和大时代文明程度的提升。在书中，作者以广阔的视野，展现了自然科学各领域发展对天文学发展的重要影响。比如19世纪，科学家对"光的电磁本质"的发现，直接启发了天文学家用分光镜和光谱仪来获得恒星的光谱，并通过对光谱的分类比较，分析恒星化学组成的不同。卞毓麟先生也不止一次地对孕育天文学发展的时代环境进行细致的描绘。其中令人印象最为深刻的，就是我国唐代和元代两次全国性天文大地测量。唐代的测量由唐玄宗提供支持，天文学家一行领导，共在全国设立了13个观测点。元初的测量由元世祖忽必烈发起，天文学家郭守敬直接领导，在全国各地（除京城大都外）选定了26个观测点。相隔约500年的两次天文大测量，都是由兴盛的王朝孕育而生，是当时经济、文化、科学发展的缩影。然而，300多年后的明末清初，随着中原大地的政治动荡、经济衰退，中国古代天文学也逐渐落后于世界。

卞毓麟先生也是一位感性的科普作家。字里行间，他毫不掩饰对历史上卓越天文学家的赞誉和钦佩。在谈到古希腊天文学家伊巴谷的时候，作者写道"最遗憾的是，后人对他的生平几乎一无所知"。寥寥数语，就表达了对伊巴谷埋名于历史长河中无人知晓的遗憾。还有荷兰裔业余天文学家古德里克，作者称其为"一个很不平凡的人"。如果我们以为这只是对古德里克天文学研究的赞誉，那就错了。卞毓麟先生用不小的篇幅描写了古德里克自幼聋哑，年仅22岁就与世长辞的不幸命运，也同样展现了古德里克18岁时惊世骇俗的观测发现。这样富有情味的对人物事迹的记叙和评价，让我们从心底里愿意接近这样的科学家，愿意去了解这个陌生姓名背后的不凡故事。

在卞毓麟先生撰写的文字中，既有对天文学知识的精准表述，也有对科学家生命的真诚尊重；既有对科学发展的准确判定，也有对人的命运的共情记叙；既有基于科学家的理性思辨，也有基于科普作家的感性创作，集中体现了人文主义者对生命、科学、历史的认识与理解。

跳出天文读《星星离我们有多远》

沉浸在天文学知识的学习中，阅读《星星离我们有多远》，会给我们如同启蒙一样的快感，时时刻刻都在丰富和补充我们的天文学知识。书中对人物命运、科研历程形象生动的叙写，又能让我们体会到文学阅读中徜徉于饱满画面和丰富情感中的快感。如果跳出科普文学作品的视域，从更宏观的角度看《星星离我们有多远》，趣味又会多一些。

初读本书，"星星"是宇宙中璀璨的星辰。随着阅读的深入，"星星"幻化成书中为人类天文学进步付出努力的科学家。他们如同浩瀚宇宙中数不清也看不清的星辰，也许我们一时无法确切分辨他们的名字，但只要有机会走近其中任何一个人，就一定会被他或她的故事打动。每一个名字都经过历史长河的淘洗，娓娓道来，告诉我们生命会因为知识而更加厚重，会因为奋斗而更加坚韧。再深入一些，"星星"又成为人类历史上一个又一个被破解的自然之谜，人类社会正是靠着发现谜团、解决谜团，走到了今天信息急剧膨胀，知识急速增长的时代。现在的我们，手里紧握着前人交到我们手中的"星星"，我们必须明白这些传承而来的知识与经验，当初诞生之时必定经历了艰难坎坷的过程。手握这些"星星"，我们会更有信心仰望更高远的星河。

阅读《星星离我们有多远》，我们不但可以知道"星星离我们有多远"，还可以懂得"星星"里都凝聚了谁的坚持与奋斗，还可以懂得"星星"照耀的过去与未来是什么模样。如果可以，我们也能够成为仰望星空的人，参与到对生命意义和宇宙奥秘的追寻当中。即便注定平凡，注定难以与科学家比肩，只要形成仰望星空的习惯，具备仰望星空的勇气，我们就已经展现了生命更美好的样态，体验到生活更充实的形式。所以，让我们常常问问自己：星星离我们有多远？让我们不要忘记，常常仰望心中的那片星空。

[学生范文]

《星星离我们有多远》读后感

南京市科利华紫金中学　初二（16）班　何　瑶

我相信每一个儿童在夜晚望着星空的时候，心中都会有一个关于天文学的问题——星星离我们有多远呢？问题的答案往往需要一代又一代人的发现与探索。

一次偶然的机会，我读到了天文工作者，也是科普作家卞毓麟先生创作的《星星离我们有多远》，书里描绘了拥有亿万星球的广阔宇宙，介绍了丰富的天文学知识，展现了一代又一代天文学家孜孜以求寻找真相的历程。其中对于地外星球距离探索的内容占了一多半的篇幅。读完全书，我终于明白，原来星光的明暗，居然就代表着星球距离我们的远近。再次仰望星空的时候，我对夜空中最亮的那颗星多了一分亲近，对肉眼隐约可辨的星星多了一分向往。

至于月亮，那颗高挂星空的月球，居然离我们也有那么遥远的距离，人类对月亮的探索直到20世纪60年代才取得了实质性的突破。而现在，登陆月球已经成为中华民族百年飞天梦的重要注脚。但从全人类的视角来看，即便可以自如地在地月间往返，我们也不过在浩渺的宇宙中迈出了微不足道的一小步，月球顶多算是个飞向更遥远星系的一个中转站，还是最近的那一个。现在当我再望向月亮的时候，心里已经少了几分好奇，多了几分确定，反倒是对跳过月球迈向火星，充满了期待。

因为读过了《星星离我们有多远》，我们对"星星"这个词也有了更准确的理解。"星星"并不单纯指点缀在夜晚天幕上的亮点，指的其实是地球以外的一切星体，恒星、星座、星系、星云，即便是我们的地球，身边的太阳和月亮，也可以冠上"星星"之名。"星星离我们有多远"的追问，既代表着对广阔宇宙空间众多科学悬念的求索，也应该代表着对地球家园和人类生命的凝视。

夜晚，天空中繁星闪烁。我还是会像小时候那样，产生"星星离我们有多远"的疑问。只是现在，我对人类科技的发展有了确信，对科学工作者的研究精神有了确定，对生命追寻自身意义和更广阔的价值的必然向往有了确信，所以我会踏踏实实地等待着，等待"天宫"空间站建成使用，等待中国航天员登陆月球，等待人类宇航员登临火星，让时间慢慢破除每一个仰望星空的疑问，并在不变的仰望中，朝着新的疑问前进。

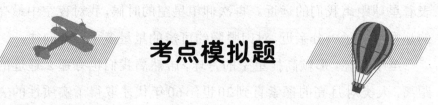

考点模拟题

一、选择题

1. 国际上统一将整个天空划分为大小不等的_____个区域。( )

A. 86 B. 87 C. 88 D. 89

2. 随着欧洲近代科学的兴起,中国古老的天文学开始落伍的时代是_____。( )

A. 宋末元初 B. 元末明初 C. 明末清初 D. 晚清

3. 首先用三角法测定月球距离的是_____。( )

A. 拉卡伊和拉朗德 B. 哥白尼和布鲁诺

C. 贝塞尔和亨德森 D. 第谷和开普勒

4. 下列不属于哥白尼"日心地动说"主要观点的一项是_____。( )

A. 地球不是宇宙的中心

B. 地球在自己的轨道上不停地环绕太阳旋转

C. 地球每环绕太阳旋转一周就是一年

D. 一年的准确时间是365天5小时48分46秒

5. 通过恒星的亮度来测定天体距离的方法不包括_____。( )

A. 在视星等、绝对星等和距离(或视差)这三个数字中,用其中已知的两个求出另一个

  B. 根据一颗星的绝对星等数值和它的光谱型,确定它在"赫罗图"中的位置

  C. 在确定恒星光谱的基础上,运用分光视差法求得恒星的距离

  D. 利用"多普勒效应"研究星系的运动情况

6. 下列有关宇宙的描述,不正确的一项是_____。 ( )

  A. 宇宙由星系和星系团构成

  B. 宇宙仍在急速膨胀当中

  C. 现在观测到的宇宙是由一个密度极小、体积极大、温度极低的"最初原子"膨胀而来

  D. 科学技术目前能够探测的宇宙深度极限是 100 多亿光年

7. 关于中国嫦娥探月工程的描述不正确的一项是_____。( )

  A. 中国自主开展的探月计划 —— 嫦娥探月工程于 2004 年开始实施

  B. "嫦娥二号"首次实现了月球表面的软着陆

  C. "嫦娥三号"首次携带可在月面行驶的月球车"玉兔号"

  D. "嫦娥四号"在人类历史上首次登陆月球背面

二、判断题

1. 经过精确测量,地球实际上是一个三轴椭球体。 ( )

2. 按比例作图同样可以精确地运用三角测量法。 ( )

3. 哥白尼去世后,他的著作《天体运行论》才得以出版。 ( )

4. 变星,通常是指那些在不太长的时间内亮度便有可察觉的变化的恒星。 ( )

5. "嫦娥五号"已于 2020 年 12 月 17 日顺利完成月球样本采集任务。 ( )

三、语段材料题

1. 阅读下面的选段,回答后面的问题。

  每一位科普作家都会有自己的偏爱。在少年时代,我最喜

欢苏联作家伊林（Илья Яковлевич Илвин-Маршак，1895—1953）的通俗科学读物。30来岁，我又迷上了美国科普巨擘阿西莫夫（Isaac Asimov，1920—1992）的作品。尽管这两位科普大师的写作风格有很大差异，但我深感他们的作品之所以有如此巨大的魅力，至少是因为存在着如下的共性：

第一，以知识为本。他们的作品都是兴味盎然、令人爱不释手的，而这种趣味性则永远寄寓于知识性之中。从根本上说，给人以力量的正是知识。

第二，将人类今天掌握的科学知识融于科学认知和科学实践的历史进程之中，巧妙地做到了"历史的"和"逻辑的"之统一。在普及科学知识的同时，钩玄提要地再现人类认识、利用和改造自然的本来面目，有助于读者理解科学思想的发展，领悟科学精神之真谛。

第三，既讲清结果，更阐明方法，使读者不但知其然，而且更知其所以然，这样才能更好地开发心智、启迪思维。

第四，文字规范、流畅而生动，绝不盲目追求艳丽和堆砌辞藻。也就是说，文字具有质朴无华的品格和内在的美。

效法伊林或阿西莫夫这样的大家，无疑是不易的，但这毕竟可以作为科普创作实践的借鉴。《星星离我们多远》正是一次这样的尝试，它未必很成功，却是跨出了凝聚着辛劳甘苦的第一步。

（1）阅读选段，概括科普大师作品的共性特点。

_____

（2）结合选段全文内容，说说最后一段加点字词"这样"的含义。

_____

（3）卞毓麟先生从少年时代到而立之年，坚持阅读科学读物和科幻小说的经历，给你带来怎样的启发？

_____

（4）德国哲学家康德有一句名言："世界上有两件东西能够深深地震撼人们的心灵，一件是我们心中崇高的道德准则，另一件是我们头顶上灿烂的星空。"请结合阅读《星星离我们有多远》的体验，说说你对康德这段名言的理解。

_____

2. 阅读下面的语段，回答后面的问题。

　　现在，我们的主角出场了。英国荷兰裔业余天文学家古德里克（John Goodricke，1764—1786）是一个很不平凡的人，他自幼聋哑，只活到22岁，竟然还做出了这项第一流的发现。1782年11月12日夜晚，古德里克观测到大陵五逐渐暗了下去，并发现当它的亮度下降到正常亮度的1/3时，又重新亮了起来，直至复原。面对这种奇怪的现象，这位当时才18岁的少年毫不张皇，他沉着地提出：一定是另有一颗暗得看不见的星星陪伴着大陵五，就像发生日食那样，由于它周期性的遮掩，使得大陵五的亮度有了周期性的变化。事实证明，古德里克这种大胆的设想是正确的。天文学家们后来又发现许多同样类型的变星，便将它们统称为食变星或大陵型变星。

　　接下去，还是这位聋哑少年古德里克，又发现了两颗新的变星：仙王δ星和天琴β星。直到1844年，人们认识的变星还只有6颗。然而，以后的发展却很快，20世纪后期所知的变星已经数以万计。

（1）结合语段内容，说说古德里克的"很不平凡"具体表现在哪里。

_____

（2）变星的发现对测量天体的距离有怎样的影响？请简要说明。

_____

（3）王绶琯先生提到，"作者（卞毓麟）用陈述故事的方式把历代天文学家创造'量天尺'的过程放到科学原理的叙述中,这样既介绍了科学知识,又饶有兴味地衬托出历史人物和背景"。结合语段中的画线语句,请你说说"兴味"表现在哪里。

---

3. 阅读下面的材料,回答后面的问题。

　　材料一:世界上第一次子午线实测工作,是在我国唐代时进行的……公元 717 元,唐玄宗派专人接一行回到长安。一行的一生,对天文学有许多重要贡献,成就遍及历法、天文仪器、大地测量等许多方面。这里,我们最感兴趣的是从公元 724 年起,一行发起并领导的全国性天文大地测量。那次测量规模很大,共有北起铁勒(今贝加尔湖附近)南达林邑国(今越南中部)的 13 个观测点。

　　材料二:到了我国的元代初年,元世祖忽必烈决定制定、颁行一部比先前更精准的新历法。这时杰出的天文学家、水利学家郭守敬(1231—1316)向忽必烈进言,说明唐代的一行和南宫说领导的那次天文大地测量,在全国各地一共设立了 13 个观测点;而今元帝国的疆域比唐朝更加辽阔,故应设置更多的天文观测点,这对于制定新历法至关重要。

　　郭守敬的提议获得了忽必烈的赞同。除京城大都(今北京市)而外,郭守敬在全国共选定 26 个观测点,选拔了 14 名熟悉天文观测技术的人员,分赴各地进行测量。

　　材料三:在庞大的小行星家族中,有不少是由中国天文学家发现的,它们大多以中国的人名或地名命名。例如:1125 号"中华",1802 号"张衡",1972 号"一行",2012 号"郭守敬",2045 号"北京",2077 号"江苏",2078 号"南京",2169 号"台湾",2197 号"上海",2344 号"西藏"等。美国天文学家发现的 2051 号小行星命名为"张",则是为了表彰长期担任中国科学院紫金山天文台台长的张钰哲在研究小行星方面的突出贡献。

　　材料四：在 2020 年 12 月 1 日 23 时，"嫦娥五号"探测器成功在月球着陆。2020 年 12 月 17 日凌晨，探测器携带 2 千克月球样品，在内蒙古四子王旗预定区域安全着陆。国家航天局专家表示，"嫦娥五号"探测器在一次任务中，连续实现我国航天史上首次月面采样、月面起飞、月球轨道交会对接、带样返回等多个重大突破，为我国探月工程"绕、落、回"三步走发展规划画上了圆满句号。同时，"嫦娥五号"任务作为我国复杂度最高、技术跨度最大的航天系统工程，成功实现了多方面技术创新、突破了一系列关键技术，对于我国提升航天技术水平、完善探月工程体系、开展月球科学研究、组织后续月球及星际探测任务，具有承前启后、里程碑式的重要意义。

（1）结合材料一和材料二，分析我国古代子午线测量工程的主要特点。

_____

（2）阅读材料三，归纳天文学家命名小行星的主要方式。

_____

（3）阅读材料四，说说"嫦娥五号"探月任务成功的重大意义表现在哪里。

_____

（4）从"天文研究""科学精神""问天梦想"等角度中任选一个，说说阅读四则材料的发现。

_____

4. 阅读吴鑫基《有道是慧眼识真金》选段，回答后面的问题。

　　这部介绍测量星星距离的历史长卷，从公元前 240 年古埃及天文学家测定地球的大小开始，到 2011 年三位天文学家利用 Ia 型超新星作为"量天尺",获知宇宙的加速膨胀而荣获诺贝尔物理学奖,覆盖了2500年天文学的发展历程。与此同时,书中还比较详细地介绍了2500年中天文学的特大标志性事件。如"地心说"和"日心说"之争与太阳系的发现,赫歇尔发现银河系以及卡普坦、沙普利的继续深究,哈勃查明漩涡星云的本质和发现哈勃定律,伽莫夫的宇宙大爆炸模型及其天文观测支持,遥远的超新星和类星体等。测定天体距离的节节胜利,使人类看清了相对于银河系而言,太阳系只是九牛之一毛,相对于由星系和星系团构成的宇宙,银河系又仅仅是沧海一粟。如此丰富的里程碑式的天文学重大成就,都用讲述历史故事的方式娓娓道来,确实非常引人入胜。

（1）从修辞方法的角度分析"九牛之一毛""沧海一粟"两个成语在语句中的表达效果。

_____

（2）根据选段内容,解释"里程碑"在选段中的意思。

_____

（3）从选段中提到的"天文学重大成就"中任选一个,说说作者是怎样用讲述历史故事的方式把科学成就娓娓道来的。

_____

5. 阅读下面的语段,回答后面的问题。

　　人们早就懂得怎样计量地面上不能直接到达的目标有多远了。比如,在一条滔滔奔腾的大河对岸有一排街灯,我们既不用渡河,又可以知道这些灯有多远,这只要使用简单的三角测量法就行了。

　　例如图9（甲）中,我们站在A处,要测量C处这盏灯的距离,那可以这样做:先在当地［图9（甲）中的A处］立一根标杆,再顺着河岸向前走一段路,到某一点B停下,再立一根标杆。AB的长度可以用很准确的尺直接量出,这就是测量的基线。再用测角仪器测出∠CAB和∠CBA的大小。于是,在△ABC中知道了两个角和一条边,就立刻可以推算出[或者,如图9(乙),用按比例作图的办法得出]AC 的长度了。其实,这种方法在前面介绍实测子午线时已经谈过了。

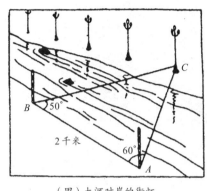

（甲）大河对岸的街灯　　　（乙）按比例缩小后作图

图9　测量大河对岸街灯的距离

运用这种方法原则上很简单,但要注意基线不能太短。如果图9中的 AC 很长而 AB 很短,那么△ABC 就变得非常瘦长。这样的图形按比例缩小后画到纸上就很难画准,因此测量的准确程度就会降低。同样,即使不用作图法,两个角度只要测得稍许有些偏差,计算结果就会有很大的误差。

（1）第一段主要运用了什么说明方法?

_____

（2）哪些方式可以避免三角测量法的计算结果出现很大的误差?

_____

（3）刘金沂先生在《知识筑成了通向遥远距离的阶梯》中写道:"作者(卞毓麟)在叙述每种测距方法的时候,既不是平铺直叙,也不是只讲结果,而是伴之以发展过程,显示出天文学家解决问题时的思路,这种'与其告诉结果,不如告诉方法'的手法会使读者受益更多。"结合选文,分析作者介绍"三角测量法"的叙述效果。

_____

参考答案

一、1-4 DBCC

二、1-4 √ × √ ×

一、1-5 CCADD   6-7 CB

二、1-5 √√ × √√

三、1.（1）以知识为本；将人类今天掌握的科学知识融于科学认知和科学实践的历史进程之中，巧妙地做到了"历史的"和"逻辑的"之统一；既讲清结果，更阐明方法；文字规范、流畅而生动，绝不盲目追求艳丽和堆砌辞藻。（2）"这样"指的是效法伊林或阿西莫夫这样的大家，把他们作品的共性特点作为借鉴，融入自己的科普文学创作中。（3）阅读科幻文学作品，激发了卞毓麟先生对天文学研究的兴趣，也提供给他开展科普文学创作的借鉴。从卞毓麟先生的阅读经历，我们可以感受到阅读科幻作品对丰富生活情趣、提升写作能力、增强思维品质的积极意义。（4）从自身阅读体验出发，围绕关键词"震撼"，表达对自我个体、人类整体与宇宙时空比较的思考即可。

2. （1）古德里克的"很不平凡"表现在：① 自幼聋哑，只活到22岁，竟然做出了第一流的天文发现；② 作为一名业余天文学家，科学成就能与专业天文学家比肩；③ 面对奇怪的天文现象，能够冷静沉着地进行研究；④ 在发现变星"大陵五"之后，又陆续发现了两颗新的变星。（2）天文学家将变星亮度的周期变化作为测量变星距离的相对标杆，视亮度越大的变星距离就越近，视亮度较暗的距离就比较远。（3）画线语句对古德里克发现第一颗变星的过程进行了细致的描写，突出了"毫不张皇""沉着"两处心理描写，与古德里克18岁的年龄形成鲜明对比，展现了这位聋哑少年在发现第一颗变星时冷静沉着的心理，强化了我们对古德里克不平凡品格和重要研究成就的理解。

3. （1）起步早，唐代的子午线实测是世界上的一次；范围广，两次测量分别在广阔的疆域中设立了13个和26个（除京城大都外）观测点；专业性强，唐代的测量由一行亲自领导，元代的测量由郭守敬带领14名专业技术人员开展。（2）① 国家或民族名称；② 省市及自治区地名；③ 天文学家姓氏。（3）① 实现我国航天史上首次月面采样、月面起飞、月球轨道交会对接、带样返回等多个重大突破；② 为我国探月工程"绕、落、回"三步走发展规划画上了圆满句号；③ 作为我国复杂度最高、技术跨度最大的航天系统工程，成功实现了多方面技术创新、突破了一系列关键技术，对于我国提升航天技术水平、完善探月工程体系、开展月球科学研究、组织后续月球及星际探测任务，具有承前启后、里程碑式的重要意义。（4）"天文研究"角度，展现中华民族自古以来取得的突出成果；"科学精神"角度，展现中华民族千百年来不懈探索宇宙奥秘的拼搏精神；"问天梦想"角度，展现中华民族自古以来就具有飞天揽月的浪漫梦想，经过不懈努力终于一朝梦圆。

4. （1）"九牛之一毛"和"沧海一粟"在句中均运用了比喻的修辞方法，通过将太阳系比作九牛中的一毛，形象生动地表现了银河系的广袤无垠；通过将银河系比作沧海中的一粟，形象生动地表现了整个宇宙的广大无边。（2）"里程碑"在选段中指的是具有特大标志性意义，对整个天文学的发展起到了关键推动作用的科学事件。（3）能够概括出人物生平经历与天文学研究成就，展现人物命运发展与科学历程密切关联即可。

5. （1）第一段主要运用了举例子的说明方法，通过举出测量大河对岸街灯距离的例子，形象直观地说明了三角测量法的运用价值。（2）一是基线不能太短，二是严格按比例缩小后作图，三是准确测量两个角的角度。（3）介绍三角测量法时，卞毓麟先生通过举出生活中实例的方式，详细说明了三角测量法的运用过程及原则，使读者完整了解"三角测量法"。同时，还介绍了实地测量和作图测量的方式，为读者的亲身实践奠定了基础。